江苏省农业农村厅　组编

江苏省新型职业农民培育系列教材

秸秆还田
实用技术

（第二版）

编　著　徐阳春　韦　中

江苏凤凰科学技术出版社
·南京·

图书在版编目（CIP）数据

秸秆还田实用技术 / 徐阳春，韦中编著. -- 2版
. -- 南京 ：江苏凤凰科学技术出版社，2019.5（2021.1 重印）
江苏省新型职业农民培育系列教材
ISBN 978-7-5713-0209-2

Ⅰ. ①秸… Ⅱ. ①徐… ②韦… Ⅲ. ①秸秆还田—技术培训—教材 Ⅳ. ①S141.4

中国版本图书馆CIP数据核字（2019）第057214号

江苏省新型职业农民培育系列教材
秸秆还田实用技术（第二版）

编　　著　徐阳春　韦　中
责任编辑　张小平
责任校对　郝慧华
责任监制　刘文洋

出版发行　江苏凤凰科学技术出版社
出版社地址　南京市湖南路1号A楼，邮编：210009
出版社网址　http://www.pspress.cn
照　　排　江苏凤凰制版有限公司
印　　刷　南京新世纪联盟印务有限公司

开　　本　880 mm×1 240 mm　1/32
印　　张　2.25
版　　次　2019年5月第2版
印　　次　2021年1月第6次印刷

标准书号　ISBN 978-7-5713-0209-2
定　　价　14.00元

前言

乡村振兴，人才是基石。习近平总书记指出，要推动乡村人才振兴，把人力资本开发放在首要位置，强化乡村振兴人才支撑。加快培育新型农业经营主体，让愿意留在乡村、建设家乡的人留得安心，让愿意上山下乡、回报乡村的人更有信心，激励各类人才在农村广阔天地大施所能、大展才华、大显身手，打造一支强大的乡村振兴人才队伍，在乡村形成人才、土地、资金、产业汇聚的良性循环。

近年来，江苏省全面开展新型职业农民培育，通过就地培养、吸引提升等方式，分层分类培育新型职业农民，加快建设一支数量充足、结构合理、素质优良的新型职业农民队伍，破解乡村人才难题。当前是江苏省推动农业农村高质量发展、实施乡村振兴战略的重要时期，新型职业农民作为建设现代农业的主导力量，需要不断学习有关知识技能，提高综合素质、生产水平和经营能力。

为配合新型职业农民培育工程的实施，江苏省农业农村厅在注重农民培训教材规划的基础上，注重贴近实际、紧跟产业需求，组织编写了该系列农民培训教材。本系列教材注重实用性，突出操作性，强化图片比例，增强阅读吸引力，通俗易懂，适合新型职业农民等各类新型农业经营主体使用。希望通过这套系列教材出版发行，进一步提升职业农民综合素质、生产技能和经营能力，壮大有文化、懂技术、善经营、会管理的新型职业农民队伍，让农民真正成为有吸引力的职业，让农业成为有奔头的产业，让农村成为安居乐业的美好家园。

编委会

目 录

第一章
秸秆还田概述

要点提示

我国是农业生产大国，也是秸秆生产大国。农作物秸秆中含大量的碳、氮、磷、钾、钙、镁、硫和硅等多种营养元素，同时富含纤维素、半纤维素、木质素和蛋白质等有机质，是一种可以资源化利用的固体废弃物资源。作为农作物的副产品，秸秆也是工农业生产的重要资源，可以作为肥料、饲料、燃料和工业原料加以利用，通过秸秆还田、发电、饲料化、栽培食用菌、秸秆制沼与工业化利用等途径，实现秸秆的资源化利用，是发展可持续农业、旱作农业的重大措施，是节本增效、发展质量效益型农业的重要环节，也是促进绿色食品发展的有效手段。

第一节　我国秸秆资源的利用现状

一、我国秸秆资源丰富

秸秆是成熟农作物茎叶（穗）部分的总称。通常指小麦、水稻、玉米、薯类、油料、棉花、甘蔗和其他农作物在收获籽实后的剩余部分。农作物光合作用的产物有一半以上存在于秸秆中，秸秆富含氮、磷、钾、钙、镁和有机质等，是一种具有多种用途的可再生的生物资源。秸秆也是一种粗饲料，特点是粗纤维含量高（30%～40%），并含有木质素等。纤维素虽不能为猪、鸡所利用，但却能被反刍动物如牛、羊等牲畜消化和利用。

我国作为农业大国，秸秆资源十分丰富，主要作物秸秆种类有近20种，而且分布广泛。目前秸秆的年产量就在7亿吨以上，占世界秸秆资源产量的25%左右。秸秆中蕴藏着巨大的养分资源，作物吸收的养分有将近一半要留在秸秆中。我国每年7亿多吨秸秆中氮、磷、钾含量分别达700多万吨、200多万吨、1 000多万吨，相当于全国目前化肥施用量的25%，是重要的有机肥源（表1-1）。

表1-1　2006年中国作物秸秆及其养分资源数量

秸秆种类	资源量		养分资源量							
	秸秆数量（亿吨）	所占比例（%）	N数量（万吨）	占总N比例（%）	P_2O_5数量（万吨）	占总P_2O_5比例（%）	K_2O数量（万吨）	占总K_2O比例（%）	总养分量（万吨）	占总养分比例（%）
水稻	1.826	23.8	166.1	21.4	54.6	22.0	414.1	30.9	634.8	26.8
小麦	1.149	15.0	74.7	9.6	21.1	8.5	144.8	10.8	240.6	10.2
玉米	2.910	37.9	267.7	34.5	100.4	40.4	412.0	30.7	780.1	33.0
杂粮	0.158	2.1	13	1.7	4.9	2.0	28.1	2.1	46.0	1.9
豆类	0.337	4.4	64.1	8.3	16.1	6.5	48.5	3.6	128.7	5.4
薯类	0.272	3.5	68.4	8.8	17.5	7.0	114.8	8.6	200.7	8.5
油料类	0.663	8.6	79.6	10.3	21.6	8.7	126.4	9.4	227.6	9.6
棉花	0.202	2.6	25.1	3.2	7.0	2.8	24.8	1.8	56.8	2.4
麻类	0.015	0.2	2.0	0.3	0.2	0.1	1.5	0.1	3.7	0.2
糖料类	0.110	1.4	11.0	1.4	4.2	1.7	20.1	1.5	35.3	1.5
烟草	0.029	0.4	4.2	0.5	1.1	0.4	6.5	0.5	11.8	0.5
总计	7.671	100	776	100	249	100	1 342	100	2 366	100

二、秸秆资源利用水平低

我国农民对作物秸秆的利用有悠久的历史，只是由于农业生产水平低、产量低，秸秆数量少，秸秆除少量用于垫圈、喂养牲畜，部分用于堆沤肥外，大部分都作为农家燃料烧掉了。随着科技进步和社会发展，农民收入增加和生活水平提高，秸秆利用方式也发生了很大的变化。据统计，2006年我国生产各种作物秸秆7亿多吨，其中小麦、玉米、水稻三种作物秸秆就达5亿多吨。调查发现（图1–1）,约有2.2亿吨秸秆被用作肥料（包括秸秆直接还田），占总量的28.7%，1.42亿吨用作燃料和工业原料，占总量的18.5%；1.35亿吨用作饲料，占总量的17.6%；由于缺乏规范的指导和经济有效的处理方式，尚有2.45亿吨左右的秸秆被弃置乱堆和焚烧（图1–2、图1–3）。

总体来讲，与发达国家相比，我国秸秆综合利用还存在着水平

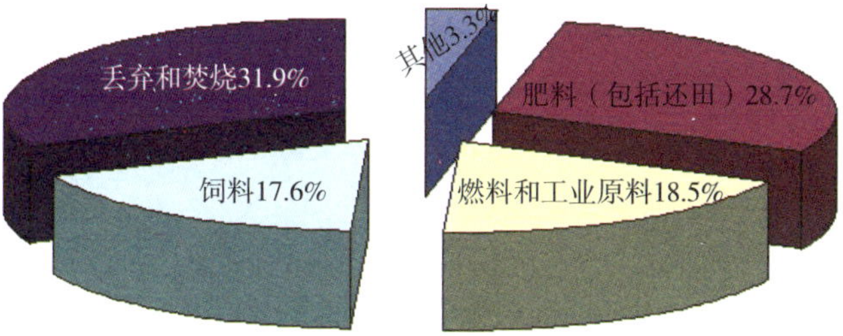

图1–1　我国秸秆利用现状

图1–2　秸秆随意堆置

图1–3　秸秆焚烧

较粗放，利用范围比较狭窄，秸秆综合利用的政策尚不完善，焚烧、废弃和流失还十分严重等问题，造成秸秆资源的浪费。

三、秸秆焚烧危害严重

调查表明，目前直接焚烧或丢弃的秸秆占总量的30%～40%。出现大量秸秆被弃置焚烧的现象，主要有三个方面的原因：一是农业丰收之后，作物秸秆越来越多，而综合利用技术滞后，秸秆出现过剩；二是随着农民收入增加和生活水平不断提高，农民宁愿增用化肥和石化燃料，而少用秸秆作肥料和燃料；三是由于作物复种指数提高，特别是近几年小麦机械收割面积扩大，麦秸留茬过高，灭茬机械和免耕播种技术推广没有跟上，造成农时紧张，农民要在1周左右的时间内完成收获和下茬播种，不得不采取最省事的办法，将前茬收获后的秸秆就地焚烧。焚烧秸秆现象在一些地区愈演愈烈，不仅造成资源浪费，而且引发了严重的生态环境和社会问题。

1. 污染大气环境

近年来，每到庄稼收获季节，由于燃烧秸秆，城市便成为“雾都”（图1-4）。环境部门监测表明，秸秆焚烧的烟雾中含有大量的一氧化碳、二氧化碳、光化学氧化剂和悬浮颗粒等物质，严重地段空气中悬浮颗粒浓度是全年均值的7倍以上，二氧化碳浓度是全年均值的9倍以上。这些污染物的浓度急剧增加，大大降低了人们的生活质量，成为健康的隐患。

图1-4　焚烧秸秆使城市成为“雾都”

2. 带来火灾隐患

野外集中焚烧秸秆，加速了空气对流，增加了风速，容易改变风向，还会产生飘浮于空中的“火团”，难以人为控制，容易窜至院落或田间，引发房屋、农作物的火灾，造成人、畜伤亡，带来农作物、财产损失。

3. 威胁交通安全

露天焚烧秸秆带来最突出的问题是产生大量浓烟，气压低时，将直接影响到民航、铁路、高速公路的正常运营，对交通安全构成威胁，严重影响到正常的公共秩序，直接引发道路交通事故。每年夏忙秋收时节，各地都有此类交通事故发生（图1–5）。

图1–5 焚烧秸秆造成的交通事故

4. 破坏土壤结构，造成耕地质量下降

焚烧秸秆使地面温度急剧升高，能直接烧死、烫死土壤中的有益微生物，减少了作物对土壤养分的充分吸收，直接降低了农作物的产量和质量，影响农业收益。

5. 浪费资源

焚烧秸秆不仅造成严重的环境污染，还造成大量的能源浪费。研究表明，秸秆的热值为7 500千焦/千克，相当于标准煤的四分之一。此外，秸秆中富含养分资源，保留了将近一半的作物吸收的养分，可作为重要的有机肥源。秸秆燃烧后，大量有机质损失，养分被白白地浪费掉了。

第二节　大力推进秸秆还田技术

保护耕地是我国的基本国策，保护耕地必须量质并举。党的十七届三中全会明确提出“耕地数量不减少、用途不改变、质量有提高”。目前，耕地质量面临严峻形势：中低产农田比重仍然很大，占三分之二左右；土壤有机质含量总体不高，土壤基础地力产量低，与高产稳产要求存在较大差距。实践证明，秸秆还田能够提高土壤有机质含量，改善土壤理化性状，提高耕地地力，增肥、改土、保墒的功效十分显著。

一、我国秸秆还田历史悠久

秸秆还田顾名思义就是把植物秸秆、根茬等直接或间接归还到土壤中的一种方法，近年来特指秸秆直接还田技术。我国运用这项技术历史悠久，远在春秋时代就有“刈草沤肥，可以粪田、美土”的记载。农业生产本身就是农田生态系统中物质循环往复的过程。植物从土壤中吸收营养物质，消耗降低了土壤肥力，通过耕作、施肥、浇水、秸秆还田等措施向土壤归还物质，增加土壤中各种营养元素的含量，使地力得到不断维持和提高。

二、秸秆还田顺应时代要求

加快推进秸秆综合利用，对缓解资源约束，减轻环境压力，发展循环经济，促进农民增收，应对气候变化等都具有十分重要的意义。国务院办公厅2008年下发了《关于加快推进农作物秸秆综合利用的意见》，提出“力争到2015年，基本建立秸秆收集体系，基本形成布局合理、多元利用的秸秆综合利用产业化格局，秸秆综合利用率超过80%”的目标。

近年来，在国家有关部门和地方政府积极推动和支持下（图1-6），秸秆综合利用取得了显著成果，在一定程度上减少了秸秆焚烧现象，但秸秆利用现状仍不乐观。

图1-6 各地推进秸秆还田工作

第三节　秸秆还田的方式

秸秆焚烧其实也是一种常见的秸秆还田方式（图1–7）。对农户来说秸秆焚烧还田具有省时省工，不耽误农事，燃烧后剩下的钾、钙、无机盐及微量元素可以被植物利用，并且在燃烧过程中杀死了虫卵、病原体及草籽等优点。然而秸秆经焚烧，大部分有效成分变成废气排入空中，大量能源和碳、氮养分资源被浪费，还造成环境污染、生态破坏，同时影响交通及百姓生活，已成为一大公害。我们应坚决采取措施禁止秸秆焚烧，同时也应该积极推广适宜的秸秆还田方式，实现秸秆资源的高效利用和农民经济效益的提高。

图1–7　秸秆焚烧还田

经过实践，目前已形成多种实用的秸秆还田技术。受秸秆还田方式、秸秆类型、气候条件、耕作制度、政策导向等因素的影响，一般可分为直接还田和间接还田两种，具体见图1–8。在实际的操作中，应因地制宜，选择最佳的秸秆还田方式。

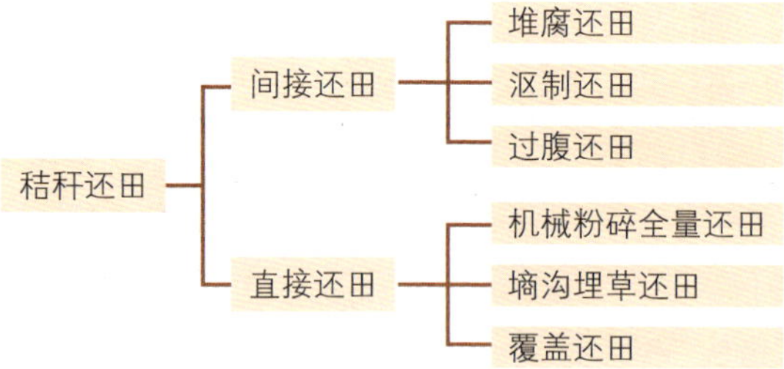

图1–8　秸秆还田技术分类

第二章
秸秆间接还田技术

第一节　堆腐还田

秸秆堆腐还田是将秸秆堆放在坑池或地表中（图2-1、图2-2），并保持适量的水分，经过一定时间的堆积发酵生成腐熟的有机肥料的过程。堆腐还田是解决我国当前有机肥短缺的主要途径，也是中低产田改良土壤、培肥地力的一项重要措施。

图2-1　坑池（田头窖）堆腐还田

图2-2　地表堆腐还田

一、技术原理

秸秆堆腐过程中，在一定水分条件下，通过腐解微生物的作用，分解有机物，释放大量的热量，沤堆温度升高，一般可达

60 ~ 70 ℃。秸秆腐熟矿化，释放出的营养成分可供作物生长的需要。同时，高温将杀灭各种对作物生长有害的寄生虫卵、病原菌、害虫以及杂草种子等。秸秆堆沤发酵也有利于降解消除对作物有毒害作用的有机酸类、多酚类以及对植物生长有抑制作用的物质等，保障了有机肥的使用安全。

二、田头窖堆腐还田操作方法

一般选择在油（麦）稻轮作种植区域，交通便捷的地区，可以采用机械化作业或人工挖掘田头窖。田头窖堆腐秸秆腐烂效果好，挖成的田头窖，就地取材，就地利用，避免长距离运输，可轮茬循环长期反复利用，占地少，简便易行，节本、省工、省时，可操作性强，适合一家一户操作。具体操作方法如下：

1. 挖窖

选择田块的拐角，按每亩种植面积，挖一个深0.8米、宽1.5米、长2米标准大小的田头窖，把窖内挖出的土一部分堆置在窖的四周，踩实作为窖埂，高度为25~30厘米，另一部分堆放在旁边，待秸秆全部堆好后，用来覆盖在秸秆的顶部（图2-3）。

图2-3　挖窖

2. 堆置

由于农作物秸秆体积大，要达到秸秆全量还田，保证秸秆的腐烂效果，就必须要分层堆置、踩实，第一层40～50厘米（踩实后的厚度）、第二层30～40厘米、第三层30厘米左右（图2-4、图2-5）。

图2-4 堆置第一层秸秆

图2-5 踩实每一层秸秆

3. 撒腐熟剂及调碳氮比

每层踩实后，均匀撒施一定量的腐熟剂和尿素，用于调节碳氮比、促进微生物的活动，提高秸秆的腐烂速度和效果（图2-6、图2-7）。一般每亩秸秆需施用腐熟剂2千克和尿素3~5千克。

图2-6 撒腐熟剂

图2-7 撒尿素

4. 盖土

在秸秆堆置完成后，用挖窖的泥土在堆顶均匀盖实（厚度为5～10厘米）（图2–8）。

与覆膜相比，采用泥土覆盖，取材方便，覆盖后既可防止堆体内水分蒸发，又能有效保证雨水下渗，促使秸秆腐烂（图2–9）。

图2–8　盖土

覆膜　　　　盖土

图2–9　与覆膜相比，盖土透水性好

5. 堆腐

秸秆堆置后，遇水7～10天后，在微生物的作用下，堆体开始不断下沉（图2-10），秸秆变软，颜色加深，气味发臭，1个月后逐渐腐烂、变脆、易折断（图2-11）。

图2-10 堆体下沉

图2-11 秸秆腐烂

6. 还田

在下茬作物收获后，将腐烂的秸秆从窖中挖出后，均匀地撒施在田间作基肥用，再对田块进行翻耕（图2-12、图2-13）。

图2-12　挖出腐烂的秸秆

图2-13　进行秸秆还田

7. 循环堆腐

清空的窖池可以继续堆腐下一茬作物秸秆，实现循环作业，为田间提供优质的有机肥（图2-14）。

图2-14 循环堆腐

三、地表堆腐还田操作方法

地表堆腐方式无需挖窖，直接在空地上进行。具体步骤如下：

1. 制堆

作物收获后，将田间的秸秆收集离田，在适宜田头留块空地（每亩6～8平方米），将收集的秸秆，集中堆放（图2-15）。将秸秆分为3层堆积，第1层和第2层各厚60厘米，第3层厚40厘米。将秸秆堆成棱台状堆体，秸秆堆高1.6米、宽1.5～2米，长度不限（图2-16）。

图2-15 收集秸秆

图2-16　制堆

2. 接种菌剂和调节碳氮比

每亩草堆分3层加入1～2千克的秸秆腐熟剂，或浇上人畜粪化肥水，可加速秸秆腐解（图2-17）。按照秸秆干重的0.1%加入腐熟剂，干重的0.5%加入尿素，即1 000千克秸秆加腐熟剂1千克，尿素5千克，再加入一定的人畜粪尿，以调节堆肥的碳氮比。将腐熟剂溶解在水中，用量是每0.6千克腐熟剂兑水50千克，搅拌均匀，待腐熟剂充分溶解后，用喷雾器均匀地喷洒在已用水浸透的秸秆上。

图2-17　撒腐熟剂和调节碳氮比

3. 调节含水量

每撒施一层秸秆腐熟剂，浇上一定量的水，使秸秆的含水量达到60%～70%，便于腐解（图2-18）。检测的标准是，用手握紧，能滴下水就可以了。草堆的顶部建成凹型，以便收集雨水促进腐解（图2-19）。

图2-18 调节含水量

图2-19 草堆的凹型顶部

4. 腐熟

夏季一般堆沤20天就可以了，冬季可加盖一些覆盖物，以利于秸秆保温发酵。堆腐后期秸秆基本腐烂，最后在翻堆时加入由固氮菌、无机磷细菌和钾细菌组成的菌肥，菌肥中的微生物会大量繁殖，施入土中仍能继续生长繁殖，可以固定空气中氮素，分解土壤中的磷、钾元素，从而大大提高堆肥的肥效。秋播时将腐解的麦草撒入田内作为基肥，可少施或不施磷、钾肥（图2–20）。

图2–20　腐解后的秸秆施入田地

第二节 沤制还田

沤制还田指在秸秆中配加杂草、绿肥和人畜粪尿等一起沤制成堆肥，再做基肥耕翻还田。在高温多雨季节，水分较多，物料在淹水（或污泥、污水）条件下发酵，就是沤肥的过程。沤肥是嫌气性常温发酵，在全国各地尤其是南方较为普遍。

秸秆沤肥制作简便，选址要求不严，田边地头、房前屋后均可沤制。但沤肥肥水流失、渗漏严重，在雨季更是如此，易对水体和周边环境造成污染。目前推广的沤肥池可以解决这一问题（图2-21、图2-22）。

图2-21 在建的沤肥池

图2-22 已建成的沤肥池

此外，在秸秆中配加绿肥、人畜粪尿等一起投入沼气池中发酵（图2-23、图2-24），所产沼气可做燃料、照明用，秸秆发酵后的残渣和沼液做基肥还田（图2-25、图2-26）。

图2-23　秸秆投入沼气池

图2-24　沼气池中秸秆腐解效果

图2-25　沼渣还田

图2-26　沼液还田

第三节　过腹还田

过腹还田就是将作物秸秆作为家畜饲料，通过家畜消化吸收，以粪尿形式归还土壤（图2-27）。此法可节约饲料量和牧草，既发展养殖业，又能提高土壤肥力。养畜过腹还田，带动了养殖业的快速发展。

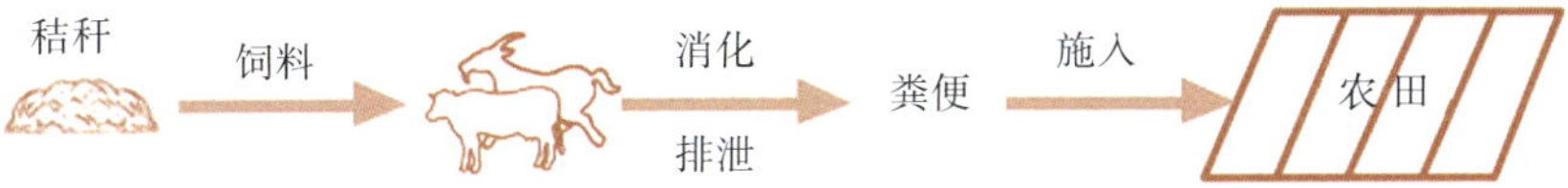

图2-27 过腹还田

目前，普遍推广应用的主要有青贮氨化过腹还田技术（图2-28）。这种形式就是把秸秆作为饲料，在动物腹中经消化吸收一部分营养，像糖类、蛋白质、纤维素等营养物质，其余变成粪便，施入土壤，培肥地力，无副作用。而秸秆被动物吸收的营养部分有效地转化为肉、奶等，被人们食用，提高了利用率，实现了秸秆、饲料、牲畜、肥料、粮食的良性循环。这种方式最科学、最具有生态性、最应该提倡推广，但目前过腹还田推广的深度、广度是远远不够的。这种方法要占用一定空间且需较长的时间，所以不常被农户采用，本书不详细介绍。

秸秆收集

成品包装

图2-28 青贮氨化过腹还田技术

第四节　其他还田方式

秸秆间接还田的方式有很多，比如，工厂化堆肥，生产有机肥和育苗基质，或者作为栽培蘑菇的基质等。这里简单介绍以秸秆作基质生产食用菌，再将废渣还田的技术。步骤如下：

1. 原料处理

选择无霉变的稻草、麦草、牛粪、玉米芯、石灰、磷肥等作为原料。把秸秆堆成宽2米、高2米（长度根据场地及需求确定）的堆体，适量淋水，堆放5天，预湿发酵；将牛粪摊开堆成宽2米、高0.4米的堆体，打水预湿（图2–29）。

图2–29　原料预处理

2. 建堆

将预湿发酵的秸秆在地面铺20厘米厚，再铺一层预湿过的牛粪，按一层秸秆一层牛粪堆成高2米、宽1.5～1.8米的堆体，最后用牛粪盖顶（图2-30）。

图2-30　建堆

3. 翻料、进料

建堆后约7天，料温升到70～75 ℃时便可第1次翻堆，翻堆时适当补水，使料略干，以便加入草菇料渣。当料翻到第3次时，便可把草菇料渣分层加入，适当加入石膏、石灰、磷肥。整个草料需翻堆4次左右，时间约4周，料温不能超过80 ℃，否则会造成烧堆（图2–31）。将堆好的料迅速搬运到菇房，铺到架面上，厚度不低于30厘米，呈垄形，关闭门窗一昼夜（图2–32）。

图2–31　翻料

图2–32　进料

4. 春菇采收后晾棚，出菇渣

菌渣初发酵后，制成菌渣肥，可以直接施用于土壤，用于改善土壤质量（图2–33、图2–34）。

图2–33　出菇渣

图2–34　菇渣制成有机肥

第三章 秸秆直接还田技术

秸秆利用最简单的方法就是粉碎后直接还田，这也是各地大力推广、应用最多的模式。直接还田又分为翻压还田和覆盖还田两种（图3-1）。翻压还田是在作物收获后，将作物秸秆在下茬作物播种或移栽前翻入土中。覆盖还田是将作物秸秆或残茬，直接铺盖于土壤表面。采取直接还田的方式比较简单，方便、快捷、省工，还田数量较多。但秸秆还田方法不当，也会出现各种问题，如出苗不齐、病害发生加重等。针对这些问题，秸秆直接还田后需要注意“一防二补”。

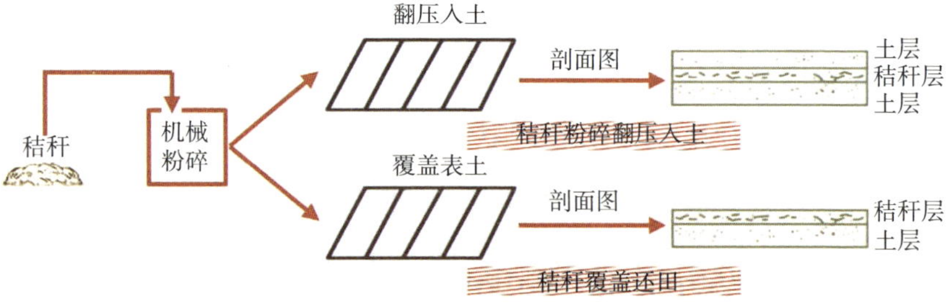

图3-1　秸秆直接还田

一防，即防病虫草害。据试验，秸秆还田后进行连作，病虫害有加重发生的趋势。如在北方麦秸还田后春小麦根腐病加重，在南方则小麦全蚀病加重；大豆秸秆还田后大豆根腐病和虫害率提高。因此，秸秆还田更适合建立在轮作的基础上，这样秸秆还田的效果才能充分发挥。在轮作的基础上进行秸秆还田，是不会造成病虫害大发生的。

行家指点

在连作情况下秸秆还田，可考虑采用秸秆翻耕还田的方法，而不能采用秸秆耙耕浅层还田的方法。同时，必须要加强病虫害防治，以确保农作物优质高产。

二补，即补水补氮肥。土壤墒情好，水分充足是保证微生物分解秸秆的重要条件。秸秆还田的地块，因为土壤更加疏松，需水量更大，要早浇水、浇足水，为微生物活动创造一个合适的环境条件，以利于秸秆充分腐熟分解。小麦、玉米等禾本科作物秸秆的碳氮比为（80 ~ 100）：1，而土壤微生物分解有机物需要的碳氮比为（25 ~ 30）：1。也就是说，秸秆还田后需要补充大量的氮肥。

第一节　墒沟埋草

要点提示

墒沟埋草（秸秆）还田技术是指依据农业生态学和生态经济学的原理，将传统积肥方法与现代农机作业和农艺措施有机结合起来，在水田中开沟填埋秸秆，充分利用高温季节的田间农艺活动，促进土壤微生物对秸秆的有效分解，并利用腐熟秸秆施肥，以达到秸秆还田培肥的目的的整套作业技术。该技术模式适宜于麦稻轮作区，主要解决小麦秸秆量过多、难以全量就地还田的问题。

稻麦轮作的田块，麦收后在麦田原有墒沟内埋农作物秸秆，经浅耕整地，放水栽稻，墒沟中所埋秸秆在高温季节水沤一段时间后即会腐烂，沟泥下沉，自然形成稻田一套沟。同时又为下茬准备了有机肥。这种方法的优点在于对土地的利用程度高，且能改善田间灌排条件。具体操作步骤如下：

1. 收获小麦

小麦成熟后，适时采用机械收割，做到收脱一体化。大动力机械收割时，应尽量平地收割；小动力机械收割时，一般留高茬15厘米左右；人工收割时，尽量齐地收割，并在田间就地脱粒，小麦秸秆留于本田（图3-2）。

机械收割

人工收割

图3-2　收割小麦

2. 开挖墒沟

墒沟深20～30厘米、宽20～30厘米，沟间距要根据地形地貌、灌溉与排水设施实际情况确定。实行机收、机耕、耕插田块，墒沟间距要与机械作业宽幅匹配。

一般墒沟的沟间距为10～15米，人工或机械开沟均可，每亩挖沟工作量4～6立方米。

3. 秸秆入墒沟

按每亩250～350千克小麦秸秆量就地均匀铺于农田畦面。对配有机械粉碎装置的收割机，将秸秆切段，长5～10厘米，然后均匀铺撒在农田畦面。对小麦产量高、秸秆量较多的田块，将多余小麦秸秆置于本田墒沟内，每亩约150千克，不宜太多，以免影响后茬水稻灌水与排水（图3-3）。埋草高度一般比田面高出10～15厘米，并沿墒沟踩实（图3-4）。

图3-3　秸秆入墒沟

图3-4　踩实墒沟中秸秆

行家指点

多功能一体机（图3–5）利用现有的全喂入式联合收割机作为主体，在联合收割机上配备传动机构，在联合收割机的尾部加装开沟装置和导草装置，并使开沟装置与联合收割机的出排草口和导草装置相对齐。工作时，多功能一体机前部的割台切割作物，尾部的开沟装置在收割完的田面进行开沟作业。与此同时，联合收割机将经切割、脱粒、分离后的秸秆从出草口排出，经导草装置排施到尾部开好的埋草沟内（开沟刀盘位于联合收割机出草口的后下方，所开埋草沟对着出草口）。这样一次作业即可完成稻麦联合收获、埋草沟开挖、秸秆入沟还田等工序，从而实现机械化墒沟埋草。

图3–5　稻麦联合收割开沟埋草多功能一体机

4. 施用基肥和秸秆腐熟剂

墒沟埋草后，除了在整块田中施足基肥外，还需要在墒沟中适当增施氮肥，每亩用量2.5~3.5千克，将碳氮比调节至（20~25）：1，解决秸秆腐解菌与作物生长争氮的矛盾，促进秸秆腐熟（图3–6）。同时，采用拌土、拌施有机肥或兑水喷施等方法施用秸秆腐熟剂，每亩施用量一般不少于2千克（图3–7）。

5. 整地泡田

施用秸秆腐熟剂和肥料后，一般采用水旋耕法将小麦秸秆与

图3-6 撒施尿素

图3-7 撒施菌剂

根茬翻入土壤，整平田面（图3-8）。浅旋耕与整地后，在水稻秧苗栽（抛）前1天畦面窨透水，糊状抛秧，灌水定苗活棵。灌溉条件良好的地区可在秸秆还田后灌水泡田1～2天，以泡透为宜（图3-9）。上水泡田，2～3天后，沿墒沟走动踩埋，可提高埋草效果，有效减少秸秆占地，降低前期对水稻生长的影响。

图3-8　整地

图3-9　泡田

6. 插秧

如采用塑盘摆栽，则在泡田后可立即移栽；如采用抛秧，则在田面基本无水层后抛秧，确保根土“合家”（图3-10）。

图3-10　机插秧

7. 水分管理

在水稻整个生育期，以湿润灌溉为主，调节土壤含水量。分蘖期建立浅水层，拔节期适时控水，抽穗至灌浆结实期间隙灌溉（每隔5～7天灌1次水），以加速秸秆腐解（图3-11）。

图3-11　实时控水加速秸秆腐解

8. 还田

墒沟麦秸在水稻生长过程中腐解，在秋播时，将墒沟内腐烂的秸秆挖出，施入本田用作基肥或盖籽肥（图3-12）。

图3-12　腐解后挖出墒沟秸秆可以做基肥

行家指点

在麦稻轮作过程中，水稻、小麦收割后，田间要按一定规律排序开沟，在下茬作物收获时，选择不同位置继续开沟埋草，一般6～8茬为1个循环周期，实现田间全部埋草1遍，土壤普遍轮耕和休耕1遍。对于稻麦连续少（免）耕的，应适时深耕1次，合理深耕周期为2～3年1次，其耕翻时间在稻熟时进行。

第二节　机械粉碎还田

一、麦秸秆机械化全量还田技术

小麦采用联合收割机收获，配以秸秆切碎装置，采用人工方法，使秸秆均匀平铺田间，利用大中型拖拉机推动返转灭茬机将麦草耕翻入土，然后栽植水稻。小麦每亩麦秸秆在300千克以上。生产上，在机械旋耕过程中要使80%以上小麦秸秆埋入土壤中，才能保证下茬栽插质量。具体操作方法如下：

1. 切碎麦秸

联合收割机收获时，留茬10～15厘米，同时启动秸秆切碎装置，将秸秆切成5～10厘米长，并均匀分撒于田面（图3-13）。当部分秸秆分布不均匀时，需人工将秸秆均匀平铺田间（图3-14）。

图3-13　秸秆收割切碎

图3-14 人工平铺秸秆

2. 施用腐解菌剂

为提高腐解效果，每亩地撒施3～5千克腐解菌剂（图3-15），也可用水稀释后喷施（图3-16）。

图3-15 撒施菌剂

图3-16　喷施菌剂

3. 调氮增肥

麦秸秆在腐解过程中需从土壤中吸收氮等元素，生产上需要补施一定量的氮肥。为了加速还田秸秆的腐解，提高当年的还田效果，在还田作业时要配合施基肥。在总施肥量与不还田土壤肥料用量保持基本一致的基础上，以每100千克秸秆增施纯氮1千克为宜，一般每亩还田300千克秸秆时，基肥增施尿素5～8千克，并根据基肥：蘖肥：穗肥为4：2：4的比例施用基肥。基肥以选择铵态氮或尿素为好，并提倡有机肥、无机肥结合，均匀撒施在秸秆残体上（图3-17）。

图3-17　增施氮肥

4. 放水泡田

施好基肥后立即放水泡田，浸泡时间以泡软秸秆、泡透土壤耕作层为准（图3-18）。秸秆一般在放水浸泡12小时后基本软化，软化后的秸秆易于与泥浆搅拌均匀，不会直立于田间或漂浮于水面。土壤耕作层泡透的时间视土壤物理性状而定，土壤疏松、团粒结构好、透水性强的土壤易于泡透；土壤板结、团粒结构差、透水性弱的土壤难于泡透。一般沙壤土浸泡24小时左右，黏土田块浸泡36～48小时，即在还田作业前1～2天上水泡田。浸泡时间过短，耕作层泡不透，作业时土壤起浆度低，秸秆与泥浆不能充分混合，田面平整度降低；浸泡时间过长，会造成土壤板结，不利于埋草和起浆。

图3-18　放水泡田

行家指点

要严格控制水层，以还田作业时水层面高处见墩、低处有水、作业不起浪为准，水深3～4厘米。水层过深，浮草增多，作业时水浪冲击过强，影响秸秆掩埋效果，耕整平整度差；水层过浅，土壤耕作层泡不透，秸秆泡不软，作业后田面不平整、不起浆。

5. 浅水旋耕

田间水层要控制适度，水层太浅或无水层时，容易出现刀滚拖板粘泥及机具作业负荷过大等现象；水层过深时，容易产生草与泥分离，出现秸秆漂浮，埋草效果差，埋茬率低。作业前应把水层控制在3～4厘米，做到浅水旋耕（图3–19）。也可先旱地旋耕，再放水泡田（图3–20）。

图3–19 水田旋耕

图3–20 旱田旋耕

6. 秧苗移栽

待田面水层深度为1～3厘米时进行秧苗移栽，作业时要控制好水层深度，过深过浅对作业效果均有影响（图3-21）。

图3-21 秧苗移栽

7. 控水调气，加快腐解

麦草在腐烂发酵过程中产生有毒物质抑制稻苗根系的生长和吸收功能是造成水稻僵苗的根本原因。进行秸秆还田的水稻田必须采用干湿交替模式，切忌深水长沤，通气不畅，影响水稻生长（图3-22）。

要点提示

水浆管理做到：前期及时排水露田，增氧促根促蘖；中期搁田要排水轻搁，分次搁实；幼穗分化到抽穗期保持硬板清水，切忌重搁；灌浆结实期保持田间湿润。

图3–22　加强水气调节，促进秸秆腐解

二、水稻秸秆还田

水稻从土壤中吸收的养分中，留在秸秆中的比例大概是氮30%、磷20%、钾80%、钙90%、镁50%、硅80%以上，也就是说稻草中所含的养分较高，特别是钾和硅的含量很高。氧化钾为1.13%～3.66%，平均1.83%，二氧化硅为5.3%～15.0%，平均11.0%，并且稻草易于腐烂，因此稻草还田是水田最有效的培肥增产方式（图3-23）。该技术适宜双季稻或多季稻产区。

图3-23　水稻秸秆还田

技术要点：一是水稻机械化收割时，选择配有切碎装置收割机收割，将稻秸秆切成10厘米左右的碎草。二是只留部分秸秆在田内，均匀铺撒于田面，余下的秸秆运离，一般每亩还田300千克左右。三是当土壤含水量25%～30%（不陷车）时将稻草翻入15厘米土层中，稻草混拌于耕层中的覆盖率大于95%。四是翻前要施肥，一般每亩施氮磷化肥15～20千克，氮磷比为3∶1。五是耙地。耙地的适宜含水量为19%～23%，耙地深度为轻耙8～12厘米，重耙12～15厘米。六是水浆管理。由于大量新鲜秸秆有机物进入土壤后，在淹水条件下进行腐解，因此，水田土壤将具有较强的还原作用，特别在秸秆旺盛分解的阶段更是如此。为了防止水田土壤中大量还原性物质和有机酸的积累而导致对水稻根系生长的毒害影响，要采用落水晒田并进行间断灌溉的水浆管理措施。

三、玉米秸秆还田

人工收获玉米果穗后，机械粉碎玉米秸秆，或机械联合收获，同时粉碎秸秆，补施氮磷肥后深耕翻埋，整地后播种小麦（图3-24）。该技术适宜南北方玉米产区，技术要求如下：

图3-24　玉米秸秆还田

1. 摘穗

玉米完全成熟时，及时摘穗，连同苞叶一起摘下。避免割倒玉米秸秆后摘穗，以免秸秆在田间闲置变黄变干，粉碎效果差，也不易腐烂（图3-25）。

图3-25　玉米收获摘穗

2. 粉碎

摘穗后，及时进行粉碎作业，作业时调整好拖拉机的作业速度和留茬高度，谨防漏切和刀片打土（图3-26）。

图3–26 玉米秸秆粉碎

3. 增施氮肥

土壤微生物在分解作物秸秆时，需要一定的氮素，易出现与作物幼苗争夺土壤中速效氮素的现象。所以，要按每100千克秸秆加10千克碳酸氢铵的比例进行补施，以加快秸秆腐解。补施的氮肥被微生物利用后仍保存在土壤里，其利用率比施在未还田的耕地里要高，可以避免苗期缺氮发黄。

4. 旋耕耙茬

粉碎后，一定要用重型圆盘耙切两遍，以进一步切碎秸秆和根茬，耙后要及时深翻和压盖，起到碎土保墒作用，使秸秆、肥料与土壤混合，并分布在0～10厘米的土层中。做到不重、不漏、覆盖严密，以免养分散失，耕后耙平，以利播种（图3-27）。

图3-27　旋耕耙茬

5. 足墒还田

秸秆还田后，由于秸秆本身吸水和微生物分解吸水，会降低土壤含水量，因此，要及时浇水，以加速土壤沉实，促使秸秆与土壤紧密接触，防止架空。

6. 播种

由于秸秆还田使土壤中的作物纤维增加，为保证作业质量，最好采用机械播种，保证深浅一致，减少麦粒架空和麦苗根部漏风状况。

第三节 秸秆覆盖法

秸秆覆盖还田就是直接将作物的秸秆铺在玉米、红芋、棉花或果树等作物的行间地表（图3–28）。将残茬或作物秸秆保留在土壤表面，不翻入土壤中，成为耕地的一个保护层。为加快秸秆腐熟，可以撒施一定量的腐解菌剂（图3–29）。秸秆覆盖能减少土壤水分蒸发，抑制盐碱在土表积聚，减少雨季坡地的水土流失，增加降雨在土中的接纳贮存，抵抗风蚀，增加近地面空气中的二氧化碳的含量，有利于补充光合作用所需的碳源，增进土壤表层微生物的活性，减少土壤有机质的分解。

桑园

水稻

洋芋

烟草

图3–28 不同作物覆盖水稻秸秆

图3-29　撒施腐解菌剂

一、蔬菜及油菜地稻草覆盖还田

该技术适合大蒜、白菜等蔬菜及油菜等作物。其技术要点：一是翻耕整地。在翻耕碎土平地的基础上分畦，畦宽1～1.2米，沟深20厘米，沟宽20～25厘米。二是播种或移栽。三是覆盖稻草（图3-30）。

图3-30　稻草还田种植油菜

行家指点

播种的作物在播后即覆盖稻草，每亩覆盖稻草300～400千克。稻草覆盖于作物行中，整齐摆放，播种行适当留空，以利出苗。移栽的作物在移栽后在行间覆盖稻草。

二、稻田免耕种马铃薯稻草覆盖还田

技术要点：一是低茬收割晚稻。晚稻收割时，尽可能齐泥割禾，为摆薯盖草提供条件。二是整地。在稻田牵线分畦，畦宽1.2米左右，沟宽20厘米，沟深20厘米，围沟深30厘米。三是摆放马铃薯（图3-31）。将马铃薯种薯按常规株行距摆放于田面，将沟中之土敲碎，均匀放于畦面上。马铃薯处于半露或全露状态均可。四是盖草。盖草厚度为4～5厘米，每亩大田需稻草1 200～1 600千克。马铃薯的传统栽培，结实率很低，很难挖，稻草覆盖免耕马铃薯栽培，扒开稻草后，马铃薯就全都被“摆”了出来（图3-32）。

图3-31　摆放马铃薯

图3-32　稻草覆盖马铃薯技术收获马铃薯

三、果茶园稻草覆盖还田

本项技术适用于半湿润、半干旱、干旱地区，不适于透气性差的黏土质果园和排水不良的低洼地果园。技术要点：一是中耕除草。果实收获后，即可对果茶园进行中耕除草，并为稻草覆盖提供条件。二是施肥。按常规方法对果茶园施放冬肥。三是盖草。可采用满园覆盖（图3–33）和局部覆盖（图3–34）稻草2种方法。满园覆盖每亩需稻草600～700千克，稻草盖满整个地面；局部覆盖即盖于树冠以内范围，即果树主干周围，亦可采用沿株距方向连续覆盖的方法，每亩需稻草400～500千克，属于梯土的，盖满除内沟以外的整个梯面（含梯埂）。

图3–33　满园覆盖秸秆

图3–34　果园局部覆盖秸秆

行家指点

由于秸秆覆盖在果园空旷的土壤表面，能减轻太阳照射，减少地面蒸发，使土壤一年、一天中的温度变化幅度小，并能稳定地保持土壤水分。在果园覆盖2～3年后，秸秆腐烂，大量的腐烂秸秆能明显提高土壤有机质和养分含量，有利于改善土壤理化性状和团粒结构的形成，促进了根系对土壤肥水的吸收和利用。覆盖改善了土壤环境及树间小气候，促进了果树地下与地上部分的生长发育，从而提高了果品产量及品质。

第四节 注意事项

秸秆还田不是简单地将作物秸秆埋入田内，而是需要采用科学的方法进行。如果秸秆还田操作不当，就会出现出苗率低、苗黄、苗弱，甚至出现死苗现象，造成减产。因此需要从以下几个方面来提高秸秆还田技术水平：

一、用量控制

秸秆施入土壤后，在微生物作用下释放出大量热能，造成土壤局部高温，一旦作物幼苗或种子与其接触，就会被烧坏甚至死亡。总体来说水稻、小麦秸秆的适宜还田量以200～300千克/亩为宜，玉米秸秆以300～400千克/亩为宜。一年一茬地块和肥力高的地块还田量可适当高些，在水田和肥力低的地块还田量可低些。每年每亩地一次还田200～300千克秸秆可使土壤有机质含量不会下降。果、桑、茶园等则需适当增加秸秆用量。此外，施入的秸秆量和方式应随作物及其种植地区的不同而有所改变（图3-35）。

用量适当

用量过度

图3-35 秸秆还田用量

二、还田的时间

秸秆还田的时间无一定式。原则上水稻秸秆还田的时期越早越好，但如果将水稻秸秆堆熟后再还田，效果比直接还田更为显著。玉米、高粱等旱地作物的秸秆还田应是边还田边翻埋，以使高水分的秸秆迅速腐解。果园则以冬闲时还田较为适宜。要避开毒害物质高峰期以减少对作物的危害，提高还田效果。一般水田常在播前40天还田为好，而旱田应在播前30天还田为好。

三、秸秆还田深度

水田栽秧前8～15天秸秆直接还田，浸泡3～4天后耕翻，5～6天后耙平、栽秧。施用深度一般以拖拉机耕翻18～22厘米较好。稻区麦秸、油菜秸施入水田深度以10～13厘米为好，做到泥草相混，加速分解。玉米秸秆还田时，耕作深度应不低于25厘米，一般应埋入10厘米以下的土层中，并耙平压实。

四、秸秆和土壤的含水量

秸秆还田后，进行矿质化和腐质化作用，其速度快慢主要决定于温度和土壤水分条件。秸秆和土壤的含水量较大时，秸秆腐解很快，从而减弱和消除了对作物和种子产生的不利影响。通常情况下，当温度在27 ℃左右，土壤持水量55%～75%时，秸秆腐化、分解速度最快；当温度过低，土壤持水量为20%时，分解几乎停止。还田时，秸秆含水量应不少于35%，过干不易分解，影响还田效果。

五、肥料的搭配施用

由于秸秆中的碳氮比高，大麦、小麦、玉米秸秆中的碳氮比为（80～100）：1，而微生物生长繁殖要求的适宜碳氮比为25：1，微生物在分解作物秸秆初期，需要吸收一定量的氮素营养，造成与作物争氮，结果使秸秆分解缓慢，作物幼苗因缺氮而黄化、苗弱、生长不良。为了解决微生物与作物幼苗争夺养分的矛盾，在采用秸秆还田的同时，一般还需补充配施一定量的速效氮肥，以保证土壤全期的肥力。一般100千克秸秆加10千克碳酸氢铵，把碳氮比调节至30∶1左右。也可适当增施过磷酸钙，以增加养分，加速腐解，提高肥效。加入一些微生物菌剂，以调节碳氮平衡，促进秸秆腐化、分解。也可在秸秆还田时，加入一定量的氨水，以减少硝酸盐的积累和氮的损失，此外还可加入一定量石灰氮，以促进有机氮化物分解。

六、病虫害的防治

有研究表明，秸秆直接还田在一定程度上会导致作物病害的发生与蔓延。秸秆在土壤中分解不像高温堆肥那样能产生高温，还田秸秆上的病菌和虫卵不能被杀死，如大麦、小麦的赤霉病和根腐病，玉米的黑穗病和大小斑病，大豆的叶斑病等。所以，应使用无病健壮的植物秸秆还田。可将病虫害严重的秸秆作高温堆肥的材料，或用作饲料、燃料，防止传播病菌，加重下茬作物病害（图3-36）。

图3-36　病害严重的秸秆不能直接还田

七、注意提高粉碎质量，均匀撒施

为保证还田效果，将秸秆切成碎段，以5～10厘米长为宜。如果秸秆碎段过长，不仅拖延了分解时间，还不利于土壤保墒，降低还田整地质量，影响出苗率。采用机械作业时，要求拖拉机用低挡作业，以增加粉碎时间和切割速率（图3-37）。收获果穗后立即还田，趁秸秆青绿状态进行，既易粉碎，又能保证质量。均匀撒施，覆盖严密，避免“疙瘩”肥入土（图3-38）。否则会出现局部高温，严重跑墒，不利于苗齐、苗匀、苗壮。

图3--37　秸秆粉碎

图3-38　秸秆分散均匀

第四章
秸秆还田的功效、存在的问题及建议

要点提示

农业生产的过程也是一个能量转换的过程。作物在生长过程中要不断消耗能量，也需要不断补充能量，不断调节土壤中水、肥、气、热的含量。秸秆还田可促进农业节水、节成本、增产、增效，在环保和农业可持续发展中也起到重要作用。

第一节　秸秆还田的功效

一、改土增产

秸秆还田增加了土壤活性有机质，新鲜有机质的加入对改善土壤结构有重要作用。秸秆还田后土壤疏松，易耕作，说明秸秆还田有良好的改良土壤的作用（图4-1）。秸秆还田试验结果表明，实行

图4-1　秸秆还田能培肥土壤

秸秆还田后一般都能增产10%以上。坚持常年秸秆还田，不但在培肥阶段有明显的增产作用，而且后效十分明显，有持续的增产作用（图4–2）。

图4–2　秸秆还田庄稼长势好

二、减少化肥投入

作物所吸收的氮主要来自土壤中的氮素，来自化肥的仅占23%～24%。农业发达国家都很注重施肥结构，如美国农业化肥的施用量一直控制在总施肥量的1/3以内，加拿大、美国大部分玉米、小麦的秸秆都还田。据调查，秸秆还田后第一季作物平均增产5%～10%，第二季后作物平均增产5%。研究表明，在秸秆还田的地块上施用化肥，可较好地发挥化肥的肥效，可提高氮肥利用率15%～20%，磷肥利用率可提高30%左右（图4–3）。

图4-3　实施秸秆还田减少化肥用量

三、改善农田、农村生态环境

秸秆还田能够改善农田生态环境（图4-4）。秸秆还田能在干旱期减少土壤水的地面蒸发量，保持耕层蓄水量；在雨季能缓冲大雨对土壤的侵蚀，减少地面径流，增加耕层蓄水量。覆盖秸秆隔离了阳光对土壤的直射，对土体与地表温热的交换起了调剂作用。此外农田覆盖秸秆有很好的抑制杂草生长的作用。

秸秆还田还能改善农村生态环境（图4-5）。秸秆还田减少了秸秆的随意堆放和焚烧，村容整洁、空气质量好，农村生态环境得到整体改善。

图4-4　秸秆还田改善农田生态环境

图4-5　秸秆还田改善农村生态环境

第二节 存在的问题及建议

随着秸秆还田进程在我国不断加快、推广规模不断扩大，秸秆还田在带来巨大效益的同时，由于种种因素的制约，还存在着一些需要解决的问题。

一、秸秆还田机械化程度不高

秸秆还田需要大量能量投入，无论是秸秆粉碎还田还是旋耕翻埋都需要机械动力。传统手工畜力农业阶段，秸秆还田量较少，只有当机械化程度提高时才能使得秸秆还田日益普及。近几年来虽然有少许秸秆还田机具问世，但由于秸秆还田作业缺少配套的播种机，其作业效果普遍不好，同时推广面积小，影响了秸秆还田的推广。

针对这一问题，农机部门的领导应深刻认识到此项技术的重要性，结合我国国情，开发出适用的产品。此外，秸秆还田机械在农忙季节容易出现故障，农机部门应及时指导，帮助农民排除故障，这样能在一定程度上提高农民的积极性（图4–6、图4–7）。

图4–6 油菜机械收获示范现场会

图4-7　加强推广示范，及时解决问题

二、农民积极性不高

一些农民认识不到位，对培肥改良土壤无所谓，只注重眼前利益，特别是农村燃料得到缓解后，很多秸秆乱堆乱放，任其烂掉，有的干脆一把火烧掉，既污染环境，又使土壤表层焦化，减少了土壤有机质含量，制约了粮食产量的进一步提高。

针对这一问题，要充分利用广播、电视、报纸、标语等多种宣传形式，在全国范围内宣传秸秆焚烧的危害和秸秆还田的益处，提高农民禁止秸秆焚烧的意识，为秸秆还田和禁止秸秆焚烧工作创造一个良好的社会舆论氛围。通过宣传发动，提高广大农民群众的守法意识和环保意识，使秸秆还田真正成为农民的自觉行动（图4-8）。

图4-8 加大宣传力度

三、推广难、技术掌握困难

部分农民对机械化秸秆还田这一整套技术掌握不够全面，在耕作中出现了一些问题，产生负面效应。

针对以上的种种问题，在秸秆机械还田技术大面积推广过程中，农机部门及其相关领导政策和资金保证的情况下，一方面要充分利用各种宣传媒体，深入宣传焚烧秸秆的危害性和机械秸秆还田的优越性，从而充分调动农民购机、用机的积极性；另一方面，在搞好实验示范的基础上，利用自身技术优势，切实做好机具选型，机手培训以及跟踪技术服务等工作（图4-9）。

图4-9　加强资金支持和技术培训

后 记

“生态循环农业技术推广协作组”由承担江苏省农业三新工程重大技术推广项目的25家科研和农业技术推广单位及相关企业组成，研究方向主要包括秸秆反应器与秸秆还田、畜禽粪-沼气-作物循环利用、秸秆沼气化与气化等。主要目标是推广示范一些有利于改善农村和农田生态环境，促进可持续农业发展的新技术、新品种和新模式。

农业生产中所产生的秸秆被随意堆置和焚烧是农村和城市生态环境的主要污染源，将秸秆进行还田处理，既可以减少环境污染，又可减少化学肥料的投入，增加土壤有机质，改善农田农村生态环境，实现农业生态循环。为此，南京农业大学农业废弃物资源化利用团队特地编写了《秸秆还田实用技术》培训教材，主要介绍了秸秆还田的方式、基本步骤以及秸秆还田存在的问题和建议等内容，旨在将技术物化，促进示范推广。本书的特点是注重操作过程实例图片的使用，图文并茂，直观明了，便于广大读者学习和掌握。

在本书编写过程中得到了江苏省农业农村厅科教处和江苏省农业广播电视学校的统筹规划指导，项目协作组各成员提供了图片等资料支持，南京农业大学资源与环境科学学院领导始终关心和支持本书的编写，江苏凤凰科学技术出版社的编辑也付出了许多心血，在此一并表示衷心的感谢。

限于篇幅和作者水平，书中难免存在错误和不足，敬请读者批评指正。

编　者